MARKETING DES MÉDIAS SOCIAUX

UN GUIDE POUR DÉVELOPPER VOTRE MARQUE AVEC LES MÉDIAS SOCIAUX

JACOB KIRBY

CONTENTS

INTRODUCTION

Dans un article rédigé par Investopedia et récemment mis à jour en juin 2022, il est indiqué qu'au premier trimestre 2022, il y avait plus de 4,6 milliards d'utilisateurs de médias sociaux dans le monde. Cela représente environ 58 % de la population mondiale. Ce chiffre correspond à une augmentation d'environ 10 % des utilisateurs de médias sociaux par rapport à l'année précédente. Cela signifie que de plus en plus de personnes se tournent vers les médias sociaux pour passer le temps, se divertir, s'informer, rester en contact avec leurs amis et leur famille et se constituer un réseau. Les données suggèrent que l'individu moyen passe plus de deux heures par jour sur les médias sociaux. En outre, ce temps n'est pas passé en une seule fois. Souvent, les utilisateurs regardent leur téléphone tout au long de la journée pour voir si quelque chose de nouveau est apparu dans leur fil d'actualité ou pour répondre aux messages qu'ils ont reçus de leurs amis, de leur famille ou de leurs connaissances.

Il est indéniable que les médias sociaux sont là pour rester. Ils font désormais partie intégrante de notre vie et nous donnent de nombreuses raisons de consulter sans cesse notre téléphone. Ils sont devenus un moyen de gagner du temps lorsque nous nous ennuyons ou que nous sommes confrontés à la gêne et au silence.

Ce qui est également incontestable, c'est que les médias sociaux sont devenus un formidable terrain de jeu pour le marketing. Grâce à cette base massive d'utilisateurs, les entreprises ont compris que les médias sociaux sont l'endroit idéal pour commercialiser leurs produits et services. Ils leur permettent d'atteindre facilement leur clientèle et d'en conquérir de nouveaux sans avoir à faire du porte-à-porte à la recherche de nouveaux clients. L'époque où il suffisait de faire des prospectus et de créer un site web est révolue. Les nouvelles entreprises qui souhaitent se développer peuvent tirer parti des outils, des fonctions et des stratégies qui sont à leur disposition pour commercialiser leurs marques sur les médias sociaux.

Non seulement les entreprises ont pris conscience du fait que les médias sociaux constituent une nouvelle plateforme de marketing, mais les utilisateurs des médias sociaux ont également pris conscience du fait que le marketing fait désormais partie intégrante des médias sociaux, et ils ont accueilli cette évolution récente à bras ouverts. Au début, les utilisateurs des médias sociaux étaient quelque peu réticents face à l'augmentation du niveau de marketing dans cet espace. Après tout, si les utilisateurs ont ouvert des comptes sur les médias sociaux, c'est avant tout pour communiquer avec leurs amis, leur famille et d'autres personnes qu'ils souhaitent suivre. Ce n'était pas pour qu'une marque puisse leur jeter ses produits et services à la figure sans avoir à les approcher physiquement. Toutefois, ce sentiment n'a pas semblé se traduire par une marche rebelle contre le marketing. En fait, plus de 80 % des consommateurs déclarent que le contenu des médias sociaux a eu un impact significatif sur leurs décisions d'achat. Selon Sprout Social, 68 % des consommateurs affirment que les médias sociaux leur donnent la possibilité d'interagir avec les marques et les entreprises. Ils ont également constaté que 43 % des consommateurs ont augmenté leur utilisation des médias sociaux pour découvrir de nouveaux produits au cours de l'année écoulée. En outre, 78 % des consommateurs sont prêts à acheter auprès d'une entreprise après avoir eu une expérience positive avec elle sur les médias sociaux.

Ce que toutes ces statistiques nous disent, c'est que les médias sociaux deviennent de plus en plus le lieu où les consommateurs interagissent avec les marques et en apprennent davantage sur les produits et les services qu'elles proposent. Ils acceptent implicitement que le marketing fasse désormais partie intégrante de l'expérience des médias sociaux et sont conscients des avantages qui découlent de l'interaction avec les entreprises sur les médias sociaux. Les médias sociaux sont devenus comme le marketing physique : on les aime quand ils sont bons, mais on les déteste quand ils sont mauvais. Dans les deux cas, le problème n'est pas le marketing lui-même, mais plutôt un mauvais marketing qui dérange.

Où nous allons

Trois conclusions peuvent être tirées de toutes ces informations. Premièrement, les médias sociaux jouent désormais un rôle majeur dans la vie de la majorité des gens à travers le monde, et le nombre de personnes utilisant les médias sociaux ne fera qu'augmenter de manière exponentielle au fil des ans. Deuxièmement, en raison de la taille même des médias sociaux et de l'étendue des opportunités qui existent dans l'espace des médias sociaux, de nombreuses entreprises concentrent désormais leurs efforts de marketing sur les médias sociaux. Les entreprises et les marques coexistent désormais dans cet espace avec les consommateurs individuels et se mêlent souvent les uns aux autres pour des raisons liées aux produits et services offerts par les entreprises. Troisièmement, compte tenu de l'ampleur des possibilités de marketing qui existent sur les médias sociaux, il serait dans l'intérêt de toutes les entreprises de commencer à réorienter leurs efforts de marketing vers l'espace des médias sociaux (ou, du moins, une partie de leurs efforts de marketing).

Cela étant dit, la question clé que vous vous posez peut-être est la suivante : comment commencer à commercialiser son entreprise sur les médias sociaux ? Après tout, il y a tellement de plateformes de médias sociaux parmi lesquelles choisir, chacune ayant ses propres caractéristiques, fonctionnalités et base d'utilisateurs. Le marketing sur les médias sociaux est un concept relativement nouveau si on le compare aux méthodes de marketing traditionnelles, comme se tenir dans la rue pour mener des enquêtes et distribuer des prospectus. Toutes les entreprises savent que le marketing est important, mais la question de savoir comment commencer à commercialiser leur entreprise est la partie la plus difficile de l'équation. L'ajout des médias sociaux à la matrice marketing ne fera que compliquer la tâche.

L'objectif de ce livre est de vous aider à vous lancer dans le marketing des médias sociaux. Il est conçu pour vous aider à bien comprendre le fonctionnement des principales plateformes de médias sociaux, leurs principales caractéristiques à des fins de marketing, ainsi que les avantages et les inconvénients de chacune d'entre elles si vous décidez de commercialiser votre marque sur ces plateformes. Nous aborderons également les principales étapes à suivre pour lancer une campagne de marketing sur les médias sociaux. Le respect de ces étapes vous aidera grandement à mener une campagne de marketing réussie qui répondra aux objectifs que vous vous êtes fixés. Nous aborderons également le type de contenu que vous devriez envisager d'utiliser lors de votre campagne de marketing sur les médias sociaux afin d'en tirer le meilleur parti et de vous assurer que vous publiez le type de contenu qui conviendra à votre public cible.

Avant d'aborder tout cela, nous commencerons par une question qui sert de base à tous les autres points abordés dans ce livre : pourquoi lancer des campagnes de marketing pour votre entreprise ?

Dans le prochain chapitre, nous ferons la distinction entre le marketing et la création d'une marque et nous verrons pourquoi il s'agit de deux aspects essentiels de la gestion d'une entreprise. Nous verrons également comment le marketing des médias sociaux s'intègre dans tout cela et toutes les autres raisons pour lesquelles le marketing des médias sociaux est devenu extrêmement important pour les entreprises et les marques.

CHAPITRE 1 : POURQUOI LE MARKETING ET LA CRÉATION D'UNE MARQUE SONT ESSENTIELS

Le marketing et la construction de la marque semblent être des aspects de la gestion d'une entreprise auxquels de nombreuses petites entreprises et marques ne consacrent pas beaucoup de temps. Par conséquent, moins de ressources, d'argent et d'efforts sont consacrés au marketing et à la construction de la marque. Ce problème est encore plus prononcé dans l'espace des médias sociaux, où les entreprises et les marques ne font pas assez de marketing et de construction de marque dans ces espaces. Pourtant, ne pas s'engager dans ces aspects de la gestion d'une entreprise peut nuire à son succès et à son potentiel d'attirer de nouveaux clients et de fidéliser les clients existants. Avant d'aller plus loin, examinons les raisons pour lesquelles le marketing et la création d'une marque sont importants, puis le rôle que jouent les médias sociaux dans ces deux domaines.

Marketing

Le marketing désigne essentiellement toutes les activités qu'une marque ou une entreprise réalise dans le but de promouvoir le produit ou le service qu'elle propose. L'objectif est donc d'attirer de nouveaux et d'anciens clients vers leurs produits et services, et de générer davantage de ventes. Le marketing peut impliquer plusieurs stratégies différentes, telles que la publicité, les courriels, les panneaux d'affichage, les annonces, le trafic web et, ce qui est plus important pour les besoins actuels, les médias sociaux. C'est le moyen par lequel les entreprises font connaître leur existence à leurs clients, les fidélisent et génèrent des ventes. Le marketing est important pour toute petite entreprise ou marque, et ce pour plusieurs raisons :

Augmentez votre audience

Le marketing est l'occasion pour vous d'entrer en contact avec votre public cible. Il vous donne la possibilité de faire savoir que vous existez et d'en savoir plus sur votre marque. En règle générale, les petites entreprises doivent déterminer qui est leur marché cible avant d'ouvrir leur boutique et de commencer à vendre leurs produits et services. En d'autres termes, elles doivent savoir à quels clients elles s'adressent et quels sont les besoins de ces clients que leurs produits et services permettront de satisfaire. Toutefois, il ne suffit pas pour une entreprise ou une marque de connaître son public cible. Ce n'est pas parce que vous répondez à un certain besoin des clients que ceux-ci viendront acheter vos produits ou services. Cela ne signifie pas non plus qu'ils prêteront attention à ce que vous faites ou qu'ils commenceront à suivre votre marque.

Il est fort probable que, sans un marketing efficace, vous ne puissiez pas attirer des clients ou vous faire connaître. Il est important de faire connaître votre entreprise ou votre marque pour que les gens la connaissent. Le panneau d'affichage qui cible directement les besoins du client ou les problèmes auxquels il est confronté est ce qui l'incitera à franchir la porte de votre entreprise pour voir ce que vous vendez. Le tweet qui devient viral incitera les clients potentiels à s'intéresser à votre marque, à vous suivre sur les médias sociaux et, en fin de compte, à acheter ce que vous vendez. Le marketing joue donc un rôle essentiel dans l'élargissement de votre audience et la réalisation de nouvelles ventes.

Mener une recherche efficace

L'un des aspects les plus importants de la création d'une entreprise est la recherche préliminaire. Vous devez être en mesure de savoir si vos produits ou services généreront le nombre de ventes que vous recherchez. Vous devez savoir si votre idée d'entreprise sera couronnée de succès. Une partie de ce processus consiste à effectuer des recherches, c'est-à-dire à aller sur le terrain pour tester les offres de votre entreprise auprès du grand public. Une partie du marketing consiste à rencontrer des clients potentiels et à recueillir les informations dont vous avez besoin pour savoir si votre idée d'entreprise fonctionnera réellement. Cela implique de mener des enquêtes, de remplir des questionnaires, de tester des produits et des services auprès de groupes échantillons, de publier des messages sur les médias sociaux pour tester les réactions du public ou de recueillir les commentaires d'anciens clients. Ce faisant, vous vous assurez que votre produit ou service répond mieux aux besoins de votre marché cible et qu'il peut générer des ventes.

Rester pertinent

Il est tout à fait possible qu'une marque ou une entreprise disparaisse. En fait, presque toutes les petites entreprises font faillite au cours des cinq premières années.

Lorsque les gens oublient l'existence de votre marque ou de votre entreprise, ou lorsque votre marque commence à perdre de sa pertinence aux yeux des consommateurs, c'est l'un des signes évidents que les ventes vont commencer à chuter et que l'entreprise va commencer à éprouver des difficultés en conséquence. L'échec commercial peut survenir lorsque votre entreprise perd de sa pertinence aux yeux des consommateurs.

Le marketing permet aux entreprises de rester pertinentes. Les campagnes publicitaires, les messages sur les médias sociaux, les brochures, les panneaux d'affichage et d'autres formes de marketing jouent un rôle important dans la pertinence des marques. Il en va de même pour les campagnes de marketing qui visent à répondre aux besoins changeants des consommateurs au fur et à mesure qu'ils apparaissent ou qui commentent les derniers titres de l'actualité. Par exemple, un influenceur sur les médias sociaux peut toujours commenter les dernières tendances et l'actualité. De même, une entreprise peut décider de fournir des produits et des services qui aident les consommateurs à faire face aux nouveaux problèmes auxquels ils sont confrontés, comme ceux qui sont apparus à la suite de la pandémie de COVID-19. Une fois qu'elle a identifié le nouveau problème que ses produits et services permettent de résoudre, elle lance des campagnes de marketing qui informent les consommateurs de sa nouvelle offre. Toutes ces stratégies de marketing jouent un rôle important dans la pertinence d'une marque aux yeux des consommateurs.

Performance financière

D'une manière générale, le marketing joue un rôle important dans les performances financières d'une entreprise. En lançant des campagnes de marketing axées sur le marché cible, en augmentant l'audience de l'entreprise, en répondant aux besoins et aux problèmes des consommateurs, en maintenant la pertinence de l'entreprise et en attirant l'attention du consommateur, le marketing peut stimuler les ventes et accroître le potentiel d'une entreprise. À l'inverse, l'absence de marketing peut jouer un rôle majeur dans l'étroitesse du public, le manque de pertinence et l'absence de ventes, qui se traduisent par de mauvais résultats financiers.

Développement de la marque

Qu'est-ce que l'image de marque ?

Les entreprises, les entrepreneurs et les influenceurs des médias sociaux ont en commun un certain nombre d'aspects de la gestion de leurs activités respectives. L'un de ces aspects revêt une importance capitale : l'image de marque. Si vous ne vous concentrez pas sur la création de votre propre marque, d'autres le feront pour vous, et ce n'est pas toujours une bonne chose. Lorsqu'une entreprise a une image de marque négative, elle risque fort de perdre certains de ses clients et, en fin de compte, de perdre des ventes. Lorsque l'image de marque est bien conçue, l'entreprise peut prospérer, accueillir de nouveaux clients et fidéliser les anciens.

L'image de marque est une question de cohérence. Il s'agit de veiller à ce qu'un message cohérent soit diffusé au sujet d'une entreprise et de son mode de fonctionnement. Même de petites choses comme le logo, la marque, les couleurs, les polices de caractères ou les comptes de médias sociaux d'une entreprise peuvent en dire long sur la qualité des produits et des services qu'elle offre et sur la nécessité de la respecter ou non. L'image de marque s'infiltre également dans des domaines importants de l'exploitation d'une entreprise, tels que l'expérience des consommateurs dans toutes les succursales de l'entreprise. En d'autres termes, l'entreprise est-elle cohérente dans la manière dont elle traite ses clients dans chacune de ses succursales ? Qu'en est-il des produits qu'elle propose ? Chaque produit qu'elle fabrique présente-t-il une qualité particulière qui est reconnaissable quel que soit le produit que vous achetez ? C'est là que les stratégies de marque brillent.

Pensez à des entreprises comme Apple. Quel que soit l'appareil Apple que vous tenez, vous savez qu'il s'agit d'un appareil Apple rien qu'en le regardant. Les appareils Apple bénéficient d'une confiance et d'une fiabilité qui sont profondément liées à l'image d'Apple auprès du public. Par exemple, s'il s'avérait que l'autonomie de la batterie d'une nouvelle série d'iPhones atteignait à peine une heure, cela provoquerait une onde de choc chez les clients d'Apple et ternirait son image. La marque Apple s'en trouverait ternie. Il en va de même si vous voyez quelqu'un entrer sur un terrain de basket avec une paire de Air Jordans et que les chaussures se déchirent après quelques layups. La réaction la plus fréquente sera de dire qu'il s'agit d'une fausse paire d'Air Jordans. Pourquoi ? Parce que les chaussures Air Jordan sont associées à des produits de qualité. S'il s'agit en fait d'une paire originale de Air Jordans, l'image de la marque sera immédiatement ternie. Les gens cesseront d'associer les Air Jordans et les iPhones à la qualité. Les gens cesseront de les acheter. Les ventes chuteront. C'est ce qui rend l'image de marque extrêmement importante.

La stratégie de marque crée donc de la valeur pour votre entreprise. Les stratégies de marque aident les clients à croire en votre entreprise et à acheter ce que vous vendez. Les clients font confiance à vos produits et services parce qu'ils ont confiance en votre marque. Les consommateurs vous suivent sur les médias sociaux et consomment tout votre contenu parce qu'ils croient en votre marque. Ils sont convaincus que vous serez toujours à la hauteur. La stratégie de marque peut donc vous donner un avantage sur vos concurrents, car elle vous permet de développer l'image de votre marque de manière à ce qu'elle se distingue de celle de vos concurrents. Elle leur fait voir ce qui rend la PlayStation meilleure que la Xbox, l'iPhone meilleur que le Samsung, le Coca meilleur que le Pepsi, et vice versa.

Comment construire votre marque

Recherchez votre public cible

L'image de marque commence par la compréhension de votre public cible. Vous devez savoir à quoi ressemble le marché actuel et qui sont vos concurrents. Interagissez avec eux, rejoignez des groupes de médias sociaux, réalisez des enquêtes et des questionnaires, consultez les subreddits ou engagez quelqu'un qui pourra mener des recherches approfondies en votre nom. L'objectif est de construire l'avatar de votre client et de savoir qui il est (d'où il vient, son âge, sa tranche de revenus, ce qu'il aime et n'aime pas, etc.), quels sont ses besoins et ses problèmes, quelles marques répondent (ou essaient de répondre) à ces besoins et ce qui peut être amélioré.), leurs besoins et leurs problèmes, les marques qui répondent (ou tentent de répondre) à ces besoins et ce qui pourrait être amélioré. Toutes ces informations serviront de base à votre stratégie de marque et à la manière d'interagir avec eux à l'avenir.

Se rapprocher de sa proposition de valeur

Une proposition de valeur explique comment votre produit ou service apporte de la valeur aux clients potentiels d'une manière qui différencie votre marque de celle des autres. En d'autres termes, vous devez être en mesure d'identifier les besoins de votre marché cible, la manière dont votre marque y répondra et ce qui donne à votre marque cet avantage important par rapport à vos concurrents. Votre marque devra être construite autour de cette proposition de valeur afin d'attirer la clientèle que vous recherchez et de créer cette cohérence de marque dont votre entreprise a tant besoin.

Votre proposition de valeur déterminera également le slogan de votre marque. Ce slogan apparaîtra ensuite partout où votre marque existe afin de faire savoir aux clients ce qu'elle représente et ce qu'elle représente.

Créez la personnalité de votre marque

Votre marque a besoin d'une personnalité. C'est en partie ce qui rend votre marque unique et qui jouera un rôle majeur pour attirer des clients fidèles à votre entreprise. Lorsque vous construisez la personnalité de votre marque, vous devez vous poser la question suivante : si votre marque était une personne, comment la décririez-vous ? Quelle est sa personnalité ? Quelle métaphore utiliseriez-vous pour la décrire ?

La personnalité de votre marque devra ensuite s'infiltrer dans toutes les branches de votre marque, depuis la palette de couleurs et la conception du logo jusqu'à l'apparence de vos magasins et la manière dont les clients sont traités. C'est pourquoi le processus de conception du logo et de la palette de couleurs de votre entreprise est important. Ce sont les premières choses auxquelles les gens penseront lorsqu'ils évoqueront votre marque, et c'est ce qui la fera ressortir lorsque les gens se promèneront dans les rues. Votre logo, vos couleurs et votre marque communiquent ce que les gens doivent penser et ressentir à propos de votre marque. Ils font partie de ce qui montre la personnalité de votre marque.

Créer une cohérence

La dernière étape de la construction de votre marque consiste à assurer la cohérence de tous les éléments de votre marque. Cela inclut vos magasins, vos comptes sur les médias sociaux, votre service clientèle, vos bureaux, partout !

La cohérence est au cœur de l'image de marque. Les clients doivent savoir que votre marque est fiable et qu'ils peuvent toujours acheter vos produits et services sans avoir à s'inquiéter. Il est important d'y veiller dès le départ.

L'importance des médias sociaux pour le marketing et l'image de marque

Il est indéniable que les médias sociaux jouent un rôle majeur dans la société moderne. Au premier trimestre 2022, on a recensé 4,6 milliards d'utilisateurs de médias sociaux. Plus de 58 % de la population mondiale est présente sur les médias sociaux. Les médias sociaux ont changé la donne en matière de marketing et de création de marques, et constituent une arme extrêmement importante dans votre arsenal lorsqu'il s'agit de ces aspects de la gestion d'une entreprise. Il y a plusieurs raisons à cela, qui sont énumérées ci-dessous.

Accédez facilement à votre public cible

Lorsque vous recherchez votre public cible, il n'est plus essentiel que vous alliez dans la rue et que vous rencontriez votre public cible. Il n'est pas nécessaire de mettre des bottes sur le terrain et d'organiser des réunions, des enquêtes et des questionnaires. Il n'est pas non plus nécessaire de lancer des campagnes massives impliquant l'impression de milliers de brochures. Pour connaître votre public cible, vous pouvez le faire d'un simple clic.

Les médias sociaux vous permettent de suivre vos clients, de rejoindre des groupes de médias sociaux, d'animer des espaces et des discussions en direct, de générer des conversations, de connaître les besoins et les problèmes des consommateurs et de vous faire une bonne idée de votre public cible. Il s'agit en grande partie d'un processus de recherche peu coûteux qui peut être mené depuis votre bureau.

En outre, il existe de nombreuses données sur les clients auxquelles vous pouvez accéder et qui vous permettront d'établir une analyse suffisante des habitudes de consommation, des besoins, des désirs et de l'ouverture à l'achat des produits et services que vous vendez. C'est un moyen facile d'accéder à votre public cible.

Augmentez votre audience

Les médias sociaux peuvent non seulement vous aider à rechercher et à comprendre votre public cible, mais aussi à l'élargir. Une annonce que vous publiez sur les médias sociaux peut être vue par des millions d'utilisateurs qui passent beaucoup de temps sur ces applications de médias sociaux. Cela vous donne la possibilité de faire de la publicité et de générer un nombre beaucoup plus élevé de prospects vers votre site web et vers vos produits et services que si vous utilisiez d'autres formes de marketing. Il suffit que les utilisateurs voient votre publicité sur les médias sociaux, qu'ils cliquent sur un lien menant à votre site web, qu'ils parcourent vos produits et services, puis qu'ils achètent lorsqu'ils sont prêts. Cela vous permettra d'augmenter le nombre de prospects, de créer de nouveaux clients fidèles et d'augmenter vos ventes en conséquence.

Étudier vos concurrents

Vous n'êtes probablement pas la seule entreprise présente sur les médias sociaux. Il est probable que vos concurrents y soient également présents et tentent d'atteindre le même marché cible. Vous disposez ainsi d'un moyen facile de rechercher ce que font vos concurrents. Vous avez la possibilité de consulter leurs messages, leurs offres, leurs produits et services, et de voir comment ils se comportent sur les médias sociaux. Vous pourrez ainsi facilement comprendre ce qui vous différencie de vos concurrents et comment vous pouvez en tirer parti dans vos interactions avec les clients sur les médias sociaux et en dehors.

Rester pertinent

Comme expliqué précédemment, l'un des aspects les plus importants du marketing est de s'assurer que votre marque reste pertinente aux yeux de votre marché cible. Une fois que vous êtes oublié, il est probable que les ventes chutent. L'un des moyens de lutter contre cela est d'avoir une forte présence sur les médias sociaux. Les utilisateurs des médias sociaux parcourent ces plateformes tous les jours, souvent des dizaines de fois. S'ils suivent votre marque sur les médias sociaux et se tiennent au courant de ce que vous publiez et de ce que votre entreprise propose, c'est un moyen sûr de garantir que votre marque reste pertinente aux yeux de votre marché cible.

Établir des relations avec les clients

En ayant une présence en ligne, vous donnez à votre marque la possibilité d'être en contact permanent avec sa clientèle. En publiant régulièrement des articles, en interagissant avec les clients, en mettant à leur disposition des plates-formes pour qu'ils puissent exprimer leurs griefs et traiter les problèmes potentiels, vous permettez à vos clients de s'engager auprès de votre entreprise et de se sentir écoutés. C'est un moyen sûr de construire une base de clients fidèles qui croient en votre marque parce qu'ils ont l'impression que votre entreprise est accessible et réactive.

Construire sa marque

Les médias sociaux constituent un moyen facilement accessible de développer votre marque. Grâce aux types de messages qu'elle publie, à la façon dont elle interagit avec ses clients, au type de contenu qu'elle partage et à la façon dont elle se comporte généralement sur les médias sociaux, votre entreprise peut plus

facilement développer la personnalité de sa marque et montrer à ses clients potentiels ce qu'elle représente.

Augmentation des rendements

Dans l'ensemble, les médias sociaux étant généralement un moyen peu coûteux
de marketing et de création de marque, ils vous permettent d'accroître votre
clientèle, de générer davantage de ventes et d'augmenter vos revenus tout en
maintenant vos coûts de marketing à un niveau beaucoup plus bas. Cela signifie
que votre entreprise sera en mesure d'augmenter considérablement ses bénéfices
grâce à la mise en place d'une stratégie de marketing des médias sociaux appro-
priée. Il est donc clair que le marketing des médias sociaux est une activité dans
laquelle toute entreprise devrait s'impliquer !

CHAPITRE 2 : PLATEFORMES DE MÉDIAS SOCIAUX : VUE D'ENSEMBLE

Les utilisateurs des médias sociaux sont gâtés par la présence de toutes sortes de plateformes de médias sociaux différentes qu'ils peuvent choisir en fonction de leurs besoins et de leurs désirs. Chaque plateforme a son public cible et offre aux entreprises et aux marques diverses possibilités de mener leurs activités de marketing. Chaque plateforme a ses avantages et ses inconvénients, et chacune a son propre type de potentiel marketing. Les stratégies que vous utiliserez pour chacune de ces plateformes seront différentes en raison de leur configuration distincte et du fait qu'elles s'adressent à des publics différents.

Compte tenu de ce qui précède, il est nécessaire d'examiner en profondeur les principales plateformes de médias sociaux que vous devez choisir lorsque vous décidez de l'endroit où commercialiser votre marque. Nous examinerons leurs offres, leurs caractéristiques, leurs avantages et leurs inconvénients.

Facebook

Facebook est depuis longtemps la plus grande plateforme de médias sociaux au monde. En juillet 2022, Facebook comptait plus de 2,9 milliards d'utilisateurs. Son concurrent le plus proche est YouTube, qui compte plus de 2,4 milliards d'utilisateurs. Facebook est une plateforme qui permet aux utilisateurs de créer des profils et de se connecter en ligne avec leurs amis et leur famille, ainsi qu'avec des entreprises, des organisations et des groupes qui correspondent à leurs intérêts. Ils peuvent également suivre leurs célébrités, leaders et influenceurs préférés. La polyvalence de Facebook signifie que la plateforme peut être utilisée par les utilisateurs pour une grande variété de raisons, et que toutes sortes de contenus peuvent être partagés sur la plateforme à l'aide de différents supports. En tant qu'un des géants de l'espace des médias sociaux, les entreprises ne peuvent pas manquer d'essayer de commercialiser leur marque sur cette plateforme.

Principales caractéristiques marketing

Un public diversifié

Les 2,9 milliards d'utilisateurs de Facebook viennent de tous les horizons et se répartissent entre différents pays, données démographiques, niveaux de revenus, emplois et croyances. Les entreprises ont donc la possibilité de trouver leur public cible dans le vaste univers de Facebook à des fins de marketing. Elles ont également la possibilité d'interagir avec des utilisateurs d'horizons différents et de rejoindre des groupes Facebook qui peuvent les aider dans la recherche et l'amélioration de leurs produits et services.

Potentiel de marketing local

Facebook peut fonctionner comme un annuaire d'entreprises locales. Il donne aux utilisateurs la possibilité de rechercher des entreprises locales dans leur région qui fournissent un produit ou un service particulier. Ajoutez à cela le fait qu'au moins 60 % des utilisateurs visitent une page d'entreprise locale sur Facebook au moins une fois par semaine. Cela signifie que les entreprises ont la possibilité d'entrer en contact avec les clients de leur localité en faisant la promotion de leur page sur Facebook et en se connectant avec leur communauté locale.

Possibilités de publicité

Facebook est l'une des principales plateformes publicitaires actuelles. Il a été rapporté que les publicités Facebook peuvent atteindre jusqu'à 36,7 % de la population adulte. À titre de comparaison, Twitter ne touche que 6,5 % de la population. Il a également été démontré que l'utilisateur moyen de Facebook clique sur 12 publicités par mois.

Cela signifie que les publicités Facebook sont une tactique de marketing qui peut s'avérer essentielle pour les entreprises. Elles vous permettent de faire connaître votre marque et d'atteindre un large éventail de publics, ce que vous n'auriez probablement pas pu faire sans Facebook.

Toutefois, il convient de préciser ici que si Facebook offre un tel potentiel marketing en termes de nombre de personnes que vous pouvez atteindre avec une campagne publicitaire, statistiquement, Facebook n'est pas nécessairement le meilleur endroit pour atteindre de nouveaux publics. En revanche, il est fantastique pour cibler et communiquer avec le public que vous avez déjà.

Établir des relations avec votre communauté

Facebook vous offre plusieurs moyens d'entrer en contact avec votre public. Ces méthodes permettent aux entreprises d'établir des relations avec leur communauté, et donc de développer leur marque, de fidéliser leurs clients et d'augmenter leurs ventes. Facebook permet aux entreprises de fournir des informations sur leurs pages, notamment des annonces, des heures d'ouverture de magasins, des ventes, des événements et d'autres informations. Cela permet aux entreprises d'attirer du trafic sur leurs pages Facebook et éventuellement d'inciter les clients à faire des achats sur la base des messages publiés sur la page Facebook.

Les inconvénients de l'utilisation de Facebook pour le marketing

L'algorithme travaille contre vous

L'algorithme de Facebook a une grande influence sur le contenu que les utilisateurs voient lorsqu'ils ouvrent leur application Facebook et sur l'ordre dans lequel ils le voient. La manière dont l'algorithme procède a évolué au fil du temps. En règle générale, Facebook n'ordonne pas les publications sur le fil d'un utilisateur dans l'ordre chronologique. En d'autres termes, ce n'est pas parce que vous avez publié quelque chose il y a cinq minutes que les utilisateurs verront cette publication aujourd'hui. Facebook organise plutôt les publications sur le fil d'un utilisateur en fonction de ce qui est le plus pertinent pour cet utilisateur. En 2018, Facebook a annoncé qu'il donnerait la priorité aux publications faites par les amis et la famille par rapport à d'autres types de publications. Cela a rendu plus difficile pour les marques de commercialiser leurs produits et services auprès des utilisateurs sans utiliser de publicités payantes.

Plus récemment, Facebook a clairement indiqué que ce que les utilisateurs voient souvent dans leur fil d'actualité, ce sont les messages de leurs amis et de leur famille, les pages qu'ils suivent et les messages des pages suivies par leurs amis.

Facebook donne également la priorité au type de contenu avec lequel les utilisateurs interagissent le plus. Ainsi, si un utilisateur interagit davantage avec les vidéos, son fil d'actualité affichera davantage de vidéos. Facebook donne également la priorité aux publications qui suscitent beaucoup d'engagement, surtout si les amis de l'utilisateur ont réagi à cette publication.

Par conséquent, les entreprises qui ont l'intention de faire du marketing sur Facebook doivent élaborer une stratégie en fonction du fonctionnement de l'algorithme de Facebook.

Priorité à l'engagement

Dans le même ordre d'idées, Facebook exige que vous vous engagiez constamment auprès de vos abonnés. Si vous ne le faites pas, il est plus probable que votre marque n'apparaisse pas souvent dans le fil d'actualité de vos followers. Cela signifie que les entreprises doivent interagir régulièrement avec leurs abonnés et publier régulièrement du contenu, sous peine de perdre de l'importance dans les fils d'actualité de leurs abonnés.

Instagram

Instagram est un autre géant des médias sociaux qui existe depuis relativement longtemps. Il s'agit d'une plateforme qui donne la priorité aux photos et aux vidéos que les utilisateurs peuvent créer et avec lesquelles ils peuvent interagir sur leur ligne de temps et sur les mises à jour de statut publiées par les personnes qu'ils suivent. Instagram compte actuellement plus de 1,4 milliard d'utilisateurs. Toutefois, d'un point de vue démographique, il n'est pas aussi diversifié que Facebook. La grande majorité des utilisateurs d'Instagram sont relativement jeunes (moins de 35 ans). La majorité d'entre eux vivent dans des zones urbaines. Les types de stratégies marketing les plus idéales pour Instagram tournent autour de l'utilisation de visuels pour commercialiser votre entreprise et ses produits et services. Les photos et les vidéos que vous publiez doivent plaire à un public plus jeune. En d'autres termes, elles doivent plaire aux milléniaux et aux membres de la génération Z.

Principales caractéristiques marketing

Une excellente plateforme de commerce électronique

Instagram se classe en tête des plateformes sociales en termes d'"intention d'achat". Il s'agit de la probabilité qu'un utilisateur achète quelque chose en fonction de ce qu'il voit dans son fil d'actualité. L'influence d'Instagram sur les habitudes d'achat de ses utilisateurs ne peut être surestimée. Les statistiques à cet égard sont époustouflantes. Selon une étude récente, 81 % des utilisateurs ont déclaré qu'Instagram les avait aidés à rechercher et à trouver de nouveaux produits ou services. Il a également été rapporté que 72 % des utilisateurs ont pris des décisions d'achat sur la base de ce qu'ils ont vu sur Instagram. 50 % des utilisateurs ont fini par visiter un site web pour acheter un produit ou un service après l'avoir vu sur Instagram. En outre, environ 130 millions d'utilisateurs consultent chaque mois des posts liés au shopping.

Par conséquent, le potentiel du marketing sur Instagram ne peut pas être sous-estimé. Instagram est devenu une plaque tournante du commerce électronique et les utilisateurs sont généralement plus ouverts au shopping sur Instagram et à l'achat de produits et de services sur la base de ce qu'ils voient sur la plateforme.

Engagement organique élevé

Rappelons que Facebook se classe assez bas parmi les autres plateformes de médias sociaux en termes d'engagement organique. En d'autres termes, il est très difficile pour les entreprises d'atteindre de nouveaux publics sans avoir à payer pour des publicités sur Facebook. Instagram est tout à fait à l'opposé à cet égard. Instagram a la portée organique la plus élevée par rapport aux autres plateformes de médias sociaux. Cela signifie que les entreprises ont plus de chances d'atteindre de nouveaux publics sans avoir à payer pour des publicités sur Instagram que sur n'importe quelle autre plateforme de médias sociaux.

Le terrain de jeu des influenceurs

Instagram est généralement la principale plateforme utilisée par les influenceurs des médias sociaux. C'est en grande partie sur Instagram qu'ils ont le plus d'adeptes et qu'ils publient le plus de contenu. Par conséquent, de nombreuses marques consacrent la majeure partie de leur budget d'influence à Instagram. Les entreprises profitent des messages publiés sur Instagram par les influenceurs des médias sociaux pour faire connaître leur marque à de nouveaux publics et tenter d'attirer de nouveaux clients. Il n'est donc pas surprenant qu'il soit devenu courant de dépenser plus d'argent pour les influenceurs sur Instagram que sur les autres plateformes de médias sociaux.

Les inconvénients de l'utilisation d'Instagram pour le marketing

Types de messages limités

Comme nous l'avions déjà laissé entendre, Instagram impose des limites importantes à ce que vous pouvez publier sur la plateforme. La vedette de tout message doit être une photo ou une vidéo. Bien sûr, vous pouvez ajouter un texte dans la légende du message, mais même dans ce cas, c'est un pari, car les utilisateurs d'Instagram ont tendance à parcourir leur fil d'actualité avec une courte durée d'attention. L'utilisation d'images et de courtes vidéos signifie que les utilisateurs s'attendent à ne passer que quelques secondes sur une publication avant de faire défiler la suivante. À moins que la légende ne contienne quelque chose de très important ou n'éveille leur curiosité, il est peu probable qu'ils la lisent. Par conséquent, sur Instagram, vous êtes généralement limité à la publication de photos et de vidéos.

Une solution à ce problème pourrait consister à contenir des écrits dans une photo que vous publiez sur Instagram. Cependant, ce type de posts doit être facile à regarder et doit être capable d'intéresser suffisamment les utilisateurs pour qu'ils les lisent.

Twitter

Twitter, c'est avant tout des tweets. Les utilisateurs sont libres de publier des tweets sur le support de leur choix, qu'il s'agisse de tweets écrits, de photos, de vidéos ou d'une combinaison de ces options. Ce qui différencie Twitter des autres plateformes de médias sociaux qui autorisent les messages écrits, c'est que Twitter vous limite à 280 caractères. La plateforme ne vous permet pas de publier un message écrit d'une longueur supérieure. Twitter compte actuellement plus de 396 millions d'utilisateurs actifs. Sa base d'utilisateurs est donc bien inférieure à celle d'autres géants des médias sociaux comme Instagram et Facebook. Néanmoins, il s'agit d'une plateforme de médias sociaux qui présente des avantages que vous pourriez vouloir prendre en considération.

Principales caractéristiques marketing

Attirer un public plus large

Twitter fonctionne de telle manière que lorsqu'un utilisateur aime, commente ou retweete un tweet, les personnes qui le suivent verront probablement ce tweet apparaître sur leur ligne de temps, en plus de la réaction de l'utilisateur au tweet. La conséquence est qu'un tweet peut atteindre un public beaucoup plus large que les followers de l'utilisateur qui l'a posté, car une fois que leurs followers réagissent au tweet (aiment, commentent ou retweetent), leurs followers verront également le tweet sur leur fil, créant ainsi une réaction en chaîne qui augmente de manière exponentielle le nombre de personnes qui voient un tweet.

Tout cela facilite la commercialisation de la marque des entreprises. Si elles parviennent à fidéliser leur clientèle sur Twitter et à publier des contenus qui suscitent l'engagement, elles continueront probablement à se faire connaître et à toucher de nouveaux publics grâce à leurs produits et services.

Reportage d'actualité

De toutes les plateformes de médias sociaux, Twitter est celle qui est la plus utilisée pour diffuser des informations. Selon Statistica, 56 % des utilisateurs s'informent sur Twitter, contre seulement 36 % sur Facebook. Si l'on considère la façon dont Twitter est structuré, cette statistique est logique. La majorité des grands réseaux d'information ont un compte Twitter et de nombreux journalistes qui travaillent pour ces réseaux et d'autres réseaux plus petits tweetent régulièrement des nouvelles sur Twitter. Twitter dispose également d'un onglet qui vous permet de savoir ce qui est "tendance" dans votre localité. En d'autres termes, il vous permet de découvrir les sujets ou les hashtags sur lesquels les gens tweetent et discutent.

Cela permet aux utilisateurs de se tenir au courant du dernier sujet, de la dernière discussion, de la dernière nouvelle ou du dernier thème.

Twitter est également devenu une plaque tournante pour les personnalités populaires qui fournissent des mises à jour sur des sujets pertinents pour certaines communautés. Par exemple, les journalistes spécialisés dans le football sont de plus en plus présents sur Twitter, en particulier pendant la période des transferts, lorsque les clubs de football achètent et vendent des joueurs. D'autres exemples incluent l'industrie du jeu, où diverses personnalités et marques fournissent des mises à jour régulières sur ce qui se passe dans le monde du jeu. Il en va de même pour d'autres secteurs comme les autres sports, les crypto-monnaies, la technologie, les voitures ou même des sujets très pointus comme l'actualité de la famille royale au Royaume-Uni.

Les entreprises et les marques qui s'engagent auprès des utilisateurs par le biais de reportages et de commentaires sur les tendances/sujets peuvent trouver un moyen de créer un public à partir de ces informations et de faire connaître leur marque aux autres utilisateurs afin qu'ils puissent connaître les produits et services connexes offerts par la marque.

Service clientèle

Il est intéressant de noter que Twitter est devenu la plateforme de médias sociaux sur laquelle les consommateurs s'adressent aux marques et aux entreprises pour des raisons liées au service à la clientèle. Il n'est pas rare de trouver dans votre fil d'actualité quelqu'un qui se plaint d'une marque ou qui tweete une question dans laquelle il mentionne cette marque. Certains utilisateurs envoient également un message direct à la marque pour lui demander de résoudre un problème qu'ils rencontrent. Cela permet aux marques de nouer des relations avec leurs clients et de se forger une réputation de réactivité et d'écoute réelle de leurs clients et d'apporter des changements.

Données démographiques par sexe

Les statistiques montrent que les utilisateurs masculins dominent généralement l'espace Twitter. Un rapport a révélé que la base d'utilisateurs de Twitter au niveau mondial était composée à 70 % d'hommes. Un autre rapport a révélé que le "public susceptible de faire l'objet d'une publicité" de Twitter était composé à 60 % d'hommes. En d'autres termes, d'un point de vue démographique, la grande majorité des utilisateurs de Twitter auprès desquels les marques font de la publicité pour leurs produits et services sont des hommes. Les marques doivent donc faire preuve de stratégie quant à la manière dont elles naviguent dans cet espace à des fins de marketing, en particulier si les produits et services qu'elles vendent s'adressent généralement à des publics féminins.

Inconvénients de l'utilisation de Twitter pour le marketing

L'engagement est le mot d'ordre

De la même manière que Facebook vous demande de dialoguer avec les utilisateurs pour rester pertinent, Twitter vous demande de dialoguer régulièrement avec vos abonnés pour rester pertinent. Si vous n'avez pas tweeté depuis un certain temps ou si vous n'avez pas aimé, commenté ou retweeté quelque chose, vous n'apparaitrez probablement plus dans les fils d'actualité de vos followers et ne recevrez plus d'engagement de leur part. Vous devez tweeter souvent et vous engager auprès de vos followers. Si vous souhaitez atteindre de nouveaux publics, vous devez créer le type de messages qui susciteront de nombreuses réactions et qui vous permettront d'atteindre le réseau de votre base d'utilisateurs.

En outre, vous ne pouvez pas vous permettre d'ignorer les plaintes et les questions posées par les utilisateurs. Cela n'aura qu'un effet négatif sur votre marque et nuira à sa réputation aux yeux de vos clients. De même, les mauvaises réponses à ce que les clients disent ou tweetent doivent être évitées à tout prix.

Limitation des tweets

Comme nous l'avons expliqué plus haut, Twitter limite à 280 caractères ce que vous pouvez publier sur la plateforme. Cela rend donc très difficile les stratégies de marketing qui impliquent des messages de longue durée.

L'algorithme de Twitter

Twitter affiche généralement les messages les plus récents dans le fil d'actualité des utilisateurs. Il est donc plus difficile de dialoguer avec les utilisateurs si vous ne publiez pas souvent ou si vos messages se perdent dans le fil d'actualité d'un utilisateur en raison du grand nombre de tweets qu'il doit parcourir. Cependant, Twitter compense en suggérant certains sujets dans le fil d'un utilisateur ou en plaçant des tweets de personnes que l'utilisateur ne suit pas, mais qui sont suivies par quelqu'un que l'utilisateur suit. Ainsi, si un utilisateur suit une marque A, les tweets de la marque B peuvent apparaître dans sa timeline parce que la marque A suit la marque B. N'oublions pas non plus que les utilisateurs peuvent également voir certains messages parce que les personnes qu'ils suivent ont aimé, commenté ou retweeté ce message.

Les entreprises doivent donc élaborer des stratégies capables de tirer parti de l'algorithme de Twitter pour être efficaces.

LinkedIn

Ce qui a toujours distingué LinkedIn des autres plateformes de médias sociaux, c'est l'idée que LinkedIn est un lieu de réseautage professionnel. Les utilisateurs viennent sur cette plateforme pour interagir avec des collègues, des entreprises, des chefs d'entreprise, des organisations et d'autres professionnels, ainsi que pour rechercher et publier des offres d'emploi. La plateforme de médias sociaux compte environ 830 millions d'utilisateurs, qui sont des particuliers, des entreprises et des organisations. Comme on peut s'y attendre, l'atmosphère y est donc plus formelle que sur les autres plateformes de médias sociaux. Les personnes influentes sur cette plateforme ont tendance à se concentrer sur ce qu'elles ont accompli dans leur carrière et sur la manière dont les autres peuvent en faire autant.

Principales caractéristiques marketing

Solides compétences en marketing interentreprises (B2B)

Le marketing B2B consiste essentiellement pour une entreprise à utiliser diverses stratégies de marketing pour se faire connaître auprès d'autres entreprises, dans le but de leur vendre ses produits et services. Ces produits et services sont conçus pour répondre aux besoins d'autres entreprises. Une entreprise peut, par exemple, proposer des solutions informatiques à d'autres entreprises ou vendre des marchandises à des détaillants. Ainsi, alors que le marketing d'entreprise à consommateur cherche à commercialiser des solutions aux problèmes individuels des consommateurs, le marketing B2B cherche à commercialiser des solutions à d'autres entreprises qui résolvent leurs problèmes.

Parmi les différentes plateformes de médias sociaux, LinkedIn est sans doute le meilleur choix pour le marketing B2B. LinkedIn génère actuellement plus de la moitié de l'ensemble du trafic provenant des plateformes de médias sociaux vers les sites web B2B. Plus de 80 % des prospects B2B proviennent également de LinkedIn. Cela fait donc de LinkedIn une centrale pour le marketing B2B et le meilleur endroit pour les entreprises qui vendent des produits et des services à d'autres entreprises.

Engagement organique

LinkedIn arrive en deuxième position après Instagram en termes de potentiel d'engagement organique avec de nouvelles audiences sans avoir à utiliser de publicités. En raison de la nature de la plateforme, les utilisateurs sont généralement plus réceptifs aux posts marketing des entreprises dans leurs fils d'actualité.

Base d'utilisateurs professionnels de haut niveau

La majorité des grandes entreprises et des professionnels influents sont présents sur LinkedIn. En tant qu'entreprise qui commercialise des produits B2B, vous avez donc une formidable opportunité de vous faire connaître et d'interagir avec d'autres grandes marques qui peuvent devenir des clients importants pour votre entreprise. Il en va de même pour la présentation de vos produits et services aux influenceurs professionnels. Leur signature peut contribuer à accroître la notoriété de votre marque et à attirer de nouveaux clients dans votre entreprise.

En outre, LinkedIn est une excellente plateforme pour les entreprises qui ciblent les professionnels en activité, tels que les comptables, les avocats, les chefs d'entreprise et les consultants. C'est l'endroit où tous ces professionnels se rencontrent et s'attendent à faire du réseautage. Si votre entreprise s'adresse à ces publics, LinkedIn est le meilleur endroit pour vous.

Les inconvénients de l'utilisation de LinkedIn pour le marketing

Une focalisation très limitée

Les forces de LinkedIn en tant que plateforme de médias sociaux sont aussi ses faiblesses. LinkedIn étant généralement considéré comme un réseau professionnel où les professionnels et les entreprises se rencontrent, vos stratégies de marketing seront très limitées à cet égard. En outre, votre public cible sera également très limité, car les gens n'utilisent LinkedIn que pour des raisons liées à la carrière et aux affaires. Il est peu probable que vous puissiez vendre des produits et des services qui ne correspondent pas au thème général ou au public de LinkedIn.

Limites de la créativité

LinkedIn ne voit pas non plus d'un très bon œil les publications que vous pouvez faire sur Instagram, YouTube ou TikTok. Vous êtes largement limité en termes de types de supports que vous pouvez utiliser lorsque vous publiez quelque chose sur LinkedIn, et les posts qui ne sont pas axés sur l'entreprise ou la carrière seront souvent considérés comme étranges par les utilisateurs. Vous devrez donc soigneusement adapter votre contenu à ce que les utilisateurs de LinkedIn s'attendent généralement à voir sur leur fil d'actualité.

L'algorithme de LinkedIn

L'algorithme de LinkedIn est un peu plus délicat que celui des autres plateformes de médias sociaux. Il ne se contente pas de déterminer les messages qu'un utilisateur voit en fonction de la chronologie ou de la pertinence. Il y a plutôt un processus qui est suivi pour chaque message posté par un utilisateur sur LinkedIn. Tout d'abord, LinkedIn filtre les "spams" et autres contenus de mauvaise qualité. Ensuite, le message est testé auprès d'une petite audience. Si le message suscite beaucoup d'intérêt, il sera alors montré à un plus grand nombre de vos followers et pourrait même notifier à vos followers que votre message suscite beaucoup d'intérêt. Dans ce cas, LinkedIn peut même pousser votre contenu vers d'autres utilisateurs en dehors de ceux qui vous suivent.

Il est donc important que les entreprises réfléchissent sérieusement à ce qu'elles publient à des fins de marketing, faute de quoi leur contenu n'atteindra pas un large éventail de publics. En particulier sur LinkedIn, il est important de prendre le temps de comprendre le fonctionnement de l'algorithme et d'agir en conséquence.

TikTok

Par rapport à toutes les autres plateformes de médias sociaux abordées dans ce chapitre, TikTok est le petit dernier. Elle est apparue en 2016 en tant qu'application de partage de vidéos avec laquelle les utilisateurs peuvent réaliser de courts clips vidéo et se divertir grâce aux vidéos créées par d'autres utilisateurs. La plupart des vidéos partagées sur TikTok durent 15 secondes. Les utilisateurs peuvent également partager des vidéos de 60 secondes sur leurs stories. Au fil des ans, les types de vidéos partagées par les utilisateurs sont devenus de plus en plus variés, notamment grâce à l'implication d'utilisateurs de tous horizons sur la plateforme. Ce qui différencie TikTok des autres plateformes de médias sociaux, c'est qu'il n'est pas nécessaire de suivre quelqu'un. Il suffit d'ouvrir la page Discover et de regarder des vidéos à l'infini. Fin 2021, TikTok comptait 1,2 milliard d'utilisateurs mensuels et s'approche à grands pas de la barre des 2 milliards ! En outre, la majorité des utilisateurs de TikTok sont des jeunes (moins de 30 ans).

Principales caractéristiques marketing

Tout est question de divertissement (en grande partie)

60 % des utilisateurs de TikTok déclarent que la principale raison pour laquelle ils utilisent la plateforme est la recherche de divertissement. Cela joue évidemment un rôle important dans le type de contenu que les entreprises publient sur TikTok. Les vidéos utilisées pour commercialiser une entreprise sur TikTok doivent être divertissantes pour les utilisateurs, sinon vous risquez de ne pas générer beaucoup de trafic sur votre chaîne TikTok.

Cependant, il faut également tenir compte du fait que, bien que le divertissement figure en tête de liste des raisons pour lesquelles les utilisateurs regardent des vidéos sur TikTok, d'autres raisons incluent le fait que les vidéos étaient inspirantes, donnaient de brèves mises à jour sur les dernières tendances, présentaient un aspect émotionnel ou étaient relatables. Si vous n'êtes pas sûr de la capacité de votre entreprise à produire des vidéos divertissantes, vous pouvez essayer ces autres types de vidéos et voir si elles ont du succès. Sinon, il vaut mieux essayer d'autres plateformes de médias sociaux si le divertissement n'est pas votre tasse de thé.

Une autre plateforme pour les influenceurs

TikTok s'impose de plus en plus comme le lieu de prédilection des influenceurs. C'est désormais la deuxième plateforme la plus populaire pour les influenceurs après Instagram. C'est donc une nouvelle occasion pour les entreprises de s'associer à des influenceurs afin d'accroître la notoriété de leur marque et d'atteindre davantage de clients désireux d'acheter leurs produits et services.

Inconvénients de l'utilisation de TikTok pour le marketing

Marge de manœuvre limitée

Les principales caractéristiques de TikTok sont aussi ses faiblesses. Comme il n'est possible de créer que des vidéos très courtes ayant une valeur divertissante, les marques n'ont que très peu d'éléments à leur disposition pour faire du marketing sur cette plateforme de médias sociaux. L'élément central de ce processus est la réalisation d'une vidéo. C'est incontournable. Si votre marque n'est pas en mesure de le faire, cette plateforme de médias sociaux n'est pas la meilleure option pour e lle.

<u>YouTube</u>

YouTube est le mastodonte des médias sociaux de partage de vidéos. Il se différencie de TikTok par le fait qu'il n'y a pas de limite aux types de vidéos que les utilisateurs peuvent partager. Il peut s'agir de courtes vidéos d'une minute ou de longs essais vidéo d'une heure. Les chaînes les plus populaires sur YouTube sont généralement créées par des individus ou un groupe de créateurs qui ne font pas partie d'une entreprise ou d'une société, mais qui ont décidé de réaliser des vidéos sur des sujets qu'ils aiment ou qui les intéressent. YouTube est un espace pour un ensemble diversifié de créateurs et il y a généralement quelque chose pour tout le monde. On y trouve les meilleurs moments des matchs de sport, des tutoriels, des chaînes de jeux, des chaînes de critiques de films et de séries, des chaînes de vidéos musicales, des chaînes de cuisine, des commentaires sociaux, et la liste est sans fin. YouTube compte plus de 2,6 milliards d'utilisateurs actifs mensuels. Il s'agit véritablement de l'une des plateformes les plus dominantes dans l'espace des médias sociaux.

Principales caractéristiques marketing

Travailler avec les créateurs

Sur YouTube, de nombreux créateurs ont dépassé le million d'abonnés et des centaines de milliers de personnes regardent chaque vidéo qu'ils publient. Ces créateurs gagnent souvent de l'argent en faisant brièvement de la publicité pour des marques dans leurs vidéos. Ils exposent ainsi les marques aux audiences massives auxquelles ces créateurs s'adressent et leur donnent l'occasion d'attirer de nouveaux clients grâce à un contenu promotionnel sur YouTube. Si vous n'êtes pas en mesure de créer des vidéos et de générer un public nombreux pour votre marque, vous pourriez utiliser ce moyen pour accéder à ce marché.

Diversité des contenus

YouTube n'est pas du tout comparable à TikTok en ce qui concerne les restrictions que TikTok impose aux créateurs quant au contenu qu'ils peuvent créer. YouTube donne aux créateurs la liberté de réaliser n'importe quel type de vidéo, quelle que soit sa durée. Les créateurs peuvent même publier des vidéos uniquement audio, ou même un épisode de podcast au format vidéo. Les marques disposent donc d'une grande marge de manœuvre pour créer le type de vidéos qu'elles souhaitent afin d'attirer les utilisateurs vers leur marque.

Résultats de Google

L'une des caractéristiques les plus intéressantes de YouTube est que vos vidéos peuvent apparaître dans les recherches Google. Avec les bonnes stratégies et l'optimisation, vous pouvez accroître la notoriété de votre marque de manière exponentielle en faisant de votre vidéo le premier résultat de recherche pour un sujet étroitement lié aux produits et services offerts par votre entreprise.

Inconvénients de l'utilisation de YouTube pour le marketing

Vous devez faire des vidéos

Comme pour l'utilisation de TikTok à des fins de marketing, la clé du succès réside dans la capacité à réaliser de bonnes vidéos. Vous devez proposer le bon type de contenu, disposer des bonnes ressources pour réaliser et éditer des vidéos, et faire en sorte que de nombreux utilisateurs regardent et aiment vos vidéos. Si vous n'êtes pas en mesure de le faire, ou si vous n'avez personne dans votre équipe qui puisse le faire, il est préférable d'utiliser une autre plateforme de médias sociaux.

Snapchat

Snapchat est un géant oublié des médias sociaux. Il est devenu l'un de ces sujets dont on ne se souvient que lorsque quelqu'un le mentionne en passant ou que l'on en parle dans les journaux télévisés. Cela ne veut pas dire pour autant que Snapchat a chuté, bien au contraire. Bien au contraire. En juin 2022, Snapchat comptait 400 millions d'utilisateurs actifs mensuels.

En termes de fonctionnement, Snapchat est une plateforme sur laquelle les utilisateurs peuvent partager des photos et des vidéos entre eux. La seule différence avec les autres plateformes de médias sociaux où vous pouvez faire la même chose est que ce contenu est temporaire. En d'autres termes, il n'est disponible que pendant une courte période. Une fois cette période passée, le message disparaît et n'est plus accessible. On pourrait dire que c'est ce qui a poussé d'autres plateformes de médias sociaux à permettre aux utilisateurs de publier des "mises à jour d'articles" qui ne sont disponibles que pendant 24 heures avant de disparaître également.

À l'instar de TikTok, Snapchat est largement utilisé par les jeunes. 78 % des utilisateurs de Snapchat ont entre 15 et 35 ans. Snapchat affirme également toucher 75 % des 13-34 ans aux États-Unis. Que cela soit vrai ou non, il n'en reste pas moins que le marché cible de Snapchat est celui des jeunes.

Principales caractéristiques marketing

Marketing basé sur la localisation

L'une des fonctions les plus importantes que Snapchat peut offrir aux entreprises est le marketing géolocalisé. Snapchat dispose d'une fonctionnalité appelée Snap Map. Elle permet de trouver des utilisateurs et des entreprises à proximité et d'interagir avec eux ou de les suivre. Un rapport récent a montré que plus de 250 millions d'utilisateurs utilisaient Snap Maps chaque mois. Vous disposez ainsi d'un moyen facile d'entrer en contact avec des publics de votre région qui seront plus enclins à interagir avec vos produits et services parce qu'ils peuvent se rendre physiquement dans votre magasin.

Marketing des applications

Une tendance intéressante sur Snapchat est le fait que les utilisateurs de Snapchat ont tendance à télécharger beaucoup d'applications sur leurs téléphones et à acheter des produits et des services à l'aide d'applications. Selon un rapport récent, plus de 40 % des utilisateurs de Snapchat déclarent télécharger entre une et cinq applications par semaine, tandis que plus de 46 millions d'utilisateurs déclarent utiliser des applications pour effectuer des achats au moins une fois par mois.

Cette information est particulièrement importante pour les développeurs d'applications. Si vous souhaitez lancer des campagnes de marketing pour les applications que votre marque met sur le marché, Snapchat pourrait être le meilleur endroit pour trouver votre public cible. C'est d'autant plus vrai que la majorité des utilisateurs de Snapchat sont des jeunes. Les jeunes sont plus enclins à s'essayer à différentes applications et sont, si j'ose dire, plus avertis sur le plan technologique.

Un contenu qui fait du bien

Snapchat est généralement une plateforme de divertissement et de contenu agréable. De nombreux utilisateurs ont fini par l'identifier comme telle. Les marques doivent donc réfléchir stratégiquement au type de contenu qu'elles partageront avec les utilisateurs dans leur fil d'actualité et à la manière dont elles commercialiseront leurs produits et services par le biais de ce type de contenu.

Aperçu de la situation

Snap Insights est une fonction intégrée qui permet aux utilisateurs de surveiller qui regarde leur contenu et de voir quel type de contenu fonctionne bien. Cela vous aidera évidemment à ajuster votre stratégie de marketing pour qu'elle soit plus efficace et à cibler les publics qui s'intéressent à votre marque et qui pourraient finir par acheter des biens et des services vendus par votre marque.

Les inconvénients de l'utilisation de Snapchat pour le marketing

Limites à la création de contenu

La limite évidente de la création de contenu pour Snapchat est la durée limitée d'une publication. Les utilisateurs ne peuvent donc pas revenir sur vos posts précédents pour voir ce qu'ils ont manqué ou se tenir au courant des dernières informations partagées par votre marque. Cela rend également le lancement de campagnes sur les médias sociaux plus délicat, car vous avez besoin que votre public voie le message que vous avez publié à ce moment-là. Bien sûr, vous pouvez le publier à nouveau, mais vous courez le risque que les utilisateurs ne consultent plus vos photos parce qu'ils savent que votre contenu est répétitif. Cela impose de sérieuses restrictions à votre stratégie de marketing.

En outre, les vidéos sur Snapchat ne durent que 10 secondes. Cela limite considérablement le type de contenu vidéo que vous pouvez partager, par rapport à d'autres plateformes de médias sociaux.

Manque d'engagement des utilisateurs

Malheureusement, avec Snapchat, il n'y a aucun moyen de savoir si les utilisateurs regardent les vidéos que vous publiez. Ils peuvent l'avoir sautée. Il est donc plus difficile de suivre l'évolution de vos vidéos et de déterminer si vous devez changer de tactique marketing.

Pas d'option de repartage

Snapchat n'est pas une plateforme comme Twitter où vous pouvez retweeter un message publié par quelqu'un d'autre. Il n'y a pas de fonction permettant de faire quelque chose de ce genre sur Snapchat. La seule option dont vous disposez est de faire une capture d'écran et de la reposter. Il est donc plus difficile de s'engager avec sa base d'utilisateurs et de se connecter avec eux à un niveau plus profond que sur Twitter ou Facebook.

CHAPITRE 3 : LANCER UNE CAMPAGNE DE MARKETING SUR LES MÉDIAS SOCIAUX

Dans les deux chapitres précédents, nous avons abordé les raisons pour lesquelles le marketing en général est important et pourquoi le marketing des médias sociaux en particulier est devenu essentiel au succès d'une marque. Nous avons également abordé à grands traits les principales plateformes de médias sociaux, ainsi que les avantages et les inconvénients associés à chacune d'entre elles dans le cadre du marketing des médias sociaux. Ceci étant dit, il est temps d'entrer dans les détails du marketing des médias sociaux. Nous commençons par un aspect souvent négligé mais très important : la planification et le lancement d'une campagne de marketing sur les médias sociaux.

Une campagne de marketing sur les médias sociaux est le terme utilisé pour décrire l'effort marketing planifié et coordonné d'une entreprise ou d'une marque pour utiliser les médias sociaux afin d'obtenir certains résultats, tels que l'augmentation de la notoriété de la marque, la création d'une base de clients ou l'augmentation des ventes pour certains produits et services lancés par cette marque. Ces campagnes mettent donc en place certaines stratégies afin de produire les résultats souhaités et d'influencer le comportement des consommateurs sur les médias sociaux.

Lancer une campagne dans les médias sociaux, c'est comme créer une entreprise. Il y a certains objectifs à atteindre pour que la campagne soit couronnée de succès, en commençant par la phase de planification, jusqu'à la phase d'exécution. La partie la plus importante du lancement d'une campagne de médias sociaux est la phase de planification. Tout doit être pensé, écrit et planifié étape par étape afin de garantir un impact maximal. C'est comme si les entreprises vivaient et mouraient de leur plan d'affaires. Un plan d'affaires adéquat et méticuleux contribue grandement à la réussite de l'entreprise. Il en va de même pour les campagnes de médias sociaux.

Ceci étant dit, concentrons-nous sur le processus de lancement d'une campagne de médias sociaux, étape par étape. Une grande partie de ce processus consistera à le planifier, pour les raisons mentionnées plus haut.

Première étape : fixer vos objectifs

La première étape est élémentaire, mais très importante : vous devez décider de l'objectif de votre campagne de marketing sur les médias sociaux. Vos objectifs joueront un rôle crucial en vous aidant à décider de la forme que prendra votre campagne, de sa durée et des paramètres qui permettront d'en mesurer le succès. Dans le monde du marketing, on dit que vos objectifs doivent être SMART. En d'autres termes, ils doivent être spécifiques, mesurables, réalisables, pertinents et limités dans le temps.

Les objectifs de votre campagne s'inscriront probablement dans l'une des catégories suivantes :

Améliorer la notoriété de la marque

La "notoriété de la marque" est la mesure dans laquelle les consommateurs peuvent reconnaître une certaine marque et les produits et services qu'elle propose. La façon dont les consommateurs perçoivent la qualité des produits et services d'une marque est liée à cette notoriété. Il s'agit donc de faire en sorte que de plus en plus de consommateurs connaissent réellement votre marque et ce qu'elle représente. En d'autres termes, votre objectif pourrait être de faire en sorte que votre marque devienne un nom familier ou qu'elle soit associée à un certain produit ou service.

Se connecter avec son public

Comme nous l'avons expliqué au chapitre 1, l'une des façons de construire votre marque est de vous rapprocher de vos clients et de développer des relations avec eux. Les campagnes de marketing dans les médias sociaux peuvent tout simplement servir à cela. Cela permet de créer des clients fidèles qui croient en votre marque et achèteront toujours ce que vous vendez.

Augmenter le trafic sur le site web

L'un des objectifs les plus traditionnels du marketing est d'inciter les consommateurs à visiter le site web de votre marque afin qu'un plus grand nombre de personnes puissent découvrir les produits et services offerts par votre marque et peut-être même en acheter. Souvent, cet objectif peut être atteint en incluant des liens dans les messages ou en les intégrant dans les conversations qui ont lieu à la suite de la campagne de marketing lancée.

Augmenter les ventes

C'est probablement l'objectif ultime que vous poursuivez. Les campagnes de marketing permettent d'augmenter le nombre de personnes qui achètent les produits et services vendus par une marque, et donc d'accroître la rentabilité de cette marque. Dans certains cas, une campagne de marketing sera lancée autour d'un produit spécifique qui sortira prochainement, dans le but d'attirer les clients vers ce produit en particulier. La campagne peut également avoir pour but d'augmenter les ventes afin d'améliorer la position de l'entreprise.

Deuxième étape : Faites des recherches sur vos concurrents

Une partie importante de la planification d'une campagne de médias sociaux consiste à découvrir ce que font vos concurrents. Vérifiez à quoi ressemblent leurs comptes de médias sociaux, quels types de campagnes ils lancent, le type d'engagement qu'ils obtiennent, ce qui fonctionne et ce qui ne fonctionne pas, et ce que vous pouvez faire différemment. Toutes ces informations vous aideront à affiner votre stratégie de campagne et à déterminer comment votre marque peut se démarquer lors du lancement de votre campagne de marketing sur les médias sociaux. Elles vous aideront également à filtrer les idées que vous avez pu avoir et qui ne fonctionnent généralement pas bien auprès de votre public cible.

Troisième étape : Connaître son public cible

Pour planifier une campagne de marketing sur les médias sociaux, il est essentiel de savoir qui est votre public cible. Il ne suffit pas de commercialiser votre marque sur les médias sociaux et d'espérer que tout se passe bien. Le type de campagne de marketing que vous lancez doit être personnalisé en fonction de votre marché cible. Si vos stratégies de marketing et vos messages ne correspondent pas aux intérêts des personnes que vous essayez d'atteindre, celles-ci ne prendront pas la peine de s'engager dans les efforts de votre marque. En revanche, si vous savez exactement ce que votre public cible aime et ce qui l'incitera à s'engager avec vous, vous aurez beaucoup plus de chances de réussir votre campagne de marketing.

En gardant tout cela à l'esprit, vous devez mener des recherches approfondies sur votre public cible. Sachez qui ils sont et ce qu'ils font, obtenez de bonnes données sur leurs caractéristiques démographiques, leur localisation, leur tranche de revenus, ainsi que leurs besoins et désirs associés à ce que votre marque leur vend. Déterminez les plateformes de médias sociaux sur lesquelles ils naviguent, le type de messages auxquels ils s'intéressent, les types de campagnes de marketing qui ont généralement fonctionné avec eux et ce que vous pouvez leur offrir. En fin de compte, vous devez vous assurer de toujours garder à l'esprit qui vous essayez d'atteindre et pourquoi, et laisser cela se refléter dans votre stratégie de marketing sur les médias sociaux. Ne pas se connecter à son public cible est le moyen le plus rapide d'échouer. Ne commettez pas cette erreur.

Quatrième étape : Choisissez votre plateforme de médias sociaux

Votre public cible n'est probablement pas présent sur toutes les plateformes de médias sociaux. Même parmi les plateformes sur lesquelles ils ont un compte, il est probable qu'ils ne consultent pas régulièrement leur fil d'actualité sur chacune d'entre elles. Ce n'est pas parce qu'une personne a un compte Instagram qu'elle utilise Instagram. Pour autant que vous le sachiez, elle n'ouvre cette application que lorsqu'un ami lui envoie un lien qui ne peut être utilisé que sur Instagram. Il se peut aussi qu'elle n'ait Facebook que pour recevoir des notifications sur les anniversaires de ses amis. C'est pourquoi le terme "utilisateurs actifs" est très important lorsque vous cherchez à savoir quelle plateforme utilise votre public cible. Un utilisateur actif est une personne qui utilise régulièrement une plate-forme de médias sociaux. Une mesure encore plus précise est celle de l'"utilisateur actif quotidien". Cela devrait vous aider à filtrer les plateformes sur lesquelles se trouvent vos adeptes et la fréquence à laquelle ils les utilisent.

Une fois que vous avez déterminé les plateformes sur lesquelles se trouve votre public cible, l'étape suivante consiste à déterminer celles qui conviennent le mieux à votre marque. Comme nous l'avons expliqué au chapitre 2, chaque plateforme de médias sociaux a ses avantages et ses inconvénients, ainsi que ses propres défis logistiques. Vous devez choisir les plateformes sur lesquelles vous pensez que votre marque sera en mesure de fournir le meilleur type de contenu. Toutefois, il est possible que vous n'ayez que très peu de choix en la matière, surtout si votre public cible ne navigue qu'entre un nombre limité de plateformes de médias sociaux.

Cinquième étape : Créer un plan d'action

L'étape suivante de la planification d'une campagne de marketing sur les médias sociaux consiste à rédiger en détail le contenu de la campagne. En d'autres termes, vous devez déterminer le type de contenu que vous publierez sur ces plateformes de médias sociaux, de manière à ce qu'il corresponde à vos objectifs et à ce qui fonctionne le mieux auprès de votre public cible. Quelle que soit la stratégie choisie, l'une des choses les plus importantes à faire est de raconter une histoire cohérente. Il s'agit d'expliquer pourquoi vous menez cette campagne, quelle valeur les utilisateurs retireront de leur participation et quel est l'objectif final.

Parmi les stratégies de contenu populaires qui ont fait leurs preuves dans le passé, on peut citer les suivantes :

Sensibilisation des influenceurs

Nous avons brièvement abordé cette stratégie de marketing dans le chapitre précédent. Il s'agit d'identifier, sur les plateformes de médias sociaux que vous ciblez, des influenceurs avec lesquels vous pouvez vous associer pour promouvoir votre marque. En règle générale, ces influenceurs reçoivent une certaine forme de rémunération. Votre objectif est d'établir un lien entre votre marque et leur public, qui, dans l'idéal, correspondra exactement au marché cible auquel vous souhaitez faire la publicité de vos produits et services. Par exemple, une tendance courante parmi les marques de livraison de produits alimentaires est de s'associer à des créateurs de contenu sur YouTube qui réalisent des tutoriels sur les recettes de cuisine. Si votre marque livre des courses à la porte d'un client, l'audience de ce créateur de contenu pourrait être plus encline à s'engager avec votre marque parce que la livraison de courses leur permettra de cuisiner plus facilement les recettes qu'ils voient sur YouTube. Le même raisonnement s'applique aux influenceurs dans des secteurs tels que le fitness, les vêtements et accessoires, les critiques de films et de jeux, etc.

L'influenceur que vous choisissez doit donc correspondre au type de produits et de services que votre marque propose. Par conséquent, il est important que vous fassiez des recherches approfondies sur l'influenceur avec lequel vous souhaitez établir un partenariat afin de vous assurer qu'il correspond à vos attentes.

Publicité payée

Comme nous l'avons évoqué dans le chapitre précédent, le marketing organique sur les médias sociaux consiste à atteindre un public sans recourir à la publicité payante. Dans le cadre du marketing organique, votre stratégie de publication de contenu sur les médias sociaux consiste à vous engager et à vous connecter avec votre public existant et à tirer parti des algorithmes des médias sociaux pour atteindre un plus grand nombre de personnes. Toutefois, comme nous l'avons expliqué précédemment, le principal problème du marketing organique sur les médias sociaux est que les chiffres ne sont pas très favorables lorsqu'il s'agit d'atteindre de nouvelles audiences de manière organique. Le pourcentage d'utilisateurs qui voient vos posts de manière organique et qui sont de nouveaux publics sur les plateformes de médias sociaux atteint généralement à peine 6 %.

C'est là qu'intervient la publicité payante. La publicité payante consiste pour les marques à payer les plateformes de médias sociaux pour que leur contenu soit partagé avec de nouvelles audiences. Souvent, il s'agit de partager le contenu avec des audiences ciblées très spécifiques, idéalement celles qui seront très intéressées par le contenu partagé par la marque, ou par les produits et services commercialisés par la marque. La publicité payante a augmenté au cours des dernières années, en réponse directe à l'augmentation du nombre d'utilisateurs actifs des plateformes de médias sociaux et du temps qu'ils passent sur les médias sociaux en général.

La publicité payante est donc l'un des meilleurs moyens d'atteindre de nouveaux publics sur les plateformes de médias sociaux. Toutefois, elle doit être complétée par un marketing organique des médias sociaux qui vise à établir des liens et des relations avec les publics existants qui connaissent déjà votre marque.

Contenu généré par l'utilisateur (CGU)

Avez-vous déjà vu une tendance sur les médias sociaux où les utilisateurs accomplissent une certaine tâche sous la bannière d'un hashtag ? L'une des tendances les plus connues est le défi du seau d'eau glacée, où les utilisateurs postent des vidéos d'eux-mêmes en train de se faire doucher avec un seau d'eau glacée, puis défient quelqu'un d'autre d'en faire autant. Ce défi est devenu viral sur la plupart des plateformes de médias sociaux, et des personnes du monde entier ont participé au défi du seau d'eau glacée. Ce défi a permis de sensibiliser le monde entier à la SLA et, par conséquent, de recueillir des millions de dollars. C'est essentiellement ce qu'est le contenu généré par l'utilisateur.

L'objectif est qu'une marque propose une activité amusante et engageante sur les médias sociaux, souvent en échange d'une récompense. Les utilisateurs peuvent ainsi être amenés à raconter une histoire ou à partager une vidéo ou une photo, le meilleur post recevant la récompense. Pour les marques, il peut s'agir simplement de demander aux utilisateurs de partager une photo ou une vidéo utilisant le produit d'une manière ou d'une autre sur les médias sociaux. Cela peut notamment permettre de créer un engouement autour d'un nouveau produit récemment lancé par la marque.

Contenu collant

L'une des options les plus courantes et qui présente le plus d'avantages pour une marque consiste à publier un contenu qui engage directement les utilisateurs et les incite à le partager avec quelqu'un d'autre ou à acheter le produit ou le service dont il est question dans le message. L'objectif est de fournir un contenu qui entre en résonance avec l'utilisateur, qui le divertit ou qui répond à un besoin ou à un problème spécifique. Planifier, créer et fournir ce type de contenu "collant" est évidemment plus facile à dire qu'à faire, mais avec une étude de marché adéquate et un retour d'information utile, il s'agit d'un objectif tout à fait réalisable.

Sixième étape : Définir votre stratégie de contenu

Mener une campagne sur les médias sociaux peut s'avérer trépidant. Vous devez rester au fait de la création de contenu, de l'engagement des utilisateurs, des mises à jour et veiller à ce que tout se passe bien. L'une des façons de faciliter le processus pour votre marque est de planifier votre campagne sur une sorte de calendrier. Encerclez les dates auxquelles vous souhaitez publier certains contenus et la nature de ces contenus, puis indiquez les autres éléments clés de votre campagne.

Revenez régulièrement à ce calendrier pour vous assurer que vous ne perdez rien de vue et pour modifier ce qui doit l'être, le cas échéant.

De nombreux outils sont à votre disposition pour aider votre marque à gérer sa campagne. Par exemple, Hootsuite, Crowdfire et CoSchedule proposent des outils qui permettent aux marques de programmer plus facilement leurs posts et d'en surveiller l'activité.

Septième étape : Lancez votre campagne et continuez à la surveiller

Une fois que vous avez planifié tous les détails de votre campagne de marketing sur les médias sociaux, l'étape suivante consiste à la mettre en œuvre ! Commencez à exécuter toutes les étapes clés de votre campagne et gardez une trace de tout.

L'un des éléments clés du lancement de votre campagne sera le suivi des mesures. En d'autres termes, vous devez évaluer le succès de votre campagne de marketing en examinant le niveau d'engagement, si votre marque gagne des adeptes, si vos sites web reçoivent plus de trafic et si les ventes augmentent. Ces données peuvent généralement être suivies grâce aux fonctions intégrées de la plateforme de médias sociaux sur laquelle vous faites de la publicité, mais il existe bien sûr différents logiciels et services qui vous aideront à accéder à des mesures encore plus nombreuses et à les interpréter.

CHAPITRE 4 : QUE PUBLIER SUR LES MÉDIAS SOCIAUX ?

Une fois que vous avez lancé votre campagne de marketing sur les médias sociaux, l'un des principaux défis auxquels votre marque sera confrontée sera de continuer à générer du nouveau contenu sur vos plateformes de médias sociaux. Si vos messages deviennent périmés, répétitifs ou inexistants, il y a de fortes chances que votre marque perde de son engagement et de sa pertinence sur les médias sociaux, et que l'élan que vous avez donné à votre campagne de marketing s'étiole lentement. Un autre problème peut être que vous ne savez pas exactement quoi publier sur les médias sociaux, ce qui ralentit le démarrage de vos efforts de marketing.

Vous n'avez pas besoin de faire face à ce genre de problèmes dans votre campagne de marketing. L'objectif de ce chapitre est de fournir une liste d'idées que vous pouvez utiliser pour les activités de votre marque sur les médias sociaux. Prenez quelques-unes de ces idées qui vous semblent correspondre à votre marque, testez-les et voyez quels types de messages trouvent le plus d'écho auprès de votre public.

Idées de contenu pour les médias sociaux

Mettez en valeur votre propre contenu

Votre marque ou votre entreprise possède-t-elle un site web qui publie régulièrement des articles, des blogs ou des actualités ? Si c'est le cas, l'un des moyens les plus simples de maintenir votre flux de médias sociaux à jour est de mettre en évidence ce contenu dans vos messages et de fournir un lien. Pour rendre cette opération plus attrayante, vous pouvez inclure une brève description du contenu ou fournir une citation qui attirera l'attention de l'auditeur et l'incitera à cliquer sur le lien et à le lire. D'autres idées pourraient consister à mettre en avant une série de podcasts réalisés par votre entreprise ou à mettre en avant des vidéos publiées sur la chaîne YouTube de votre entreprise.

Commencer une série quotidienne, hebdomadaire ou mensuelle

Lancer une série est l'un des moyens les plus simples de s'assurer que vous continuez à publier du contenu frais sur le fil d'actualité de votre marque. Vous pouvez prendre un sujet spécifique et publier régulièrement des articles à son sujet. Par exemple, tous les vendredis pendant un mois, vous pouvez partager une nouvelle recette avec votre public. Vous pouvez également lancer une série #MotivationMondays, dont l'objectif est d'inciter votre public à se lancer dans la semaine et à travailler dur en utilisant des citations, des vidéos, des histoires de personnes qui ont réussi dans le secteur, etc. En lançant ce type de séries, vous pouvez créer un engouement et faire en sorte que votre public soit impatient de découvrir votre prochain article. Les gens pourraient même commencer à suivre votre marque ou s'abonner à votre chaîne simplement pour rester au courant des séries que vous publiez.

Organiser une séance de questions-réponses ou de questions-réponses

La plupart des plateformes de médias sociaux disposent d'une fonction de diffusion en direct (livestream) qui permet aux utilisateurs de se connecter à un flux et de vous poser des questions en direct. Une session de questions-réponses permet à votre public de poser toutes les questions qu'il peut avoir sur votre marque, les produits et services que vous proposez, ou d'évoquer les problèmes qu'il rencontre avec les produits et services afin que vous puissiez l'aider à les résoudre. C'est un moyen facile d'entrer en contact avec votre public et de nouer des relations avec lui.

Les flux en direct "Ask Me Anything" ont un objectif différent. L'objectif des AMA est de permettre à votre public de vous interroger et d'apprendre à vous connaître. Les questions que vous posez peuvent porter sur tout et n'importe quoi, et sont censées permettre aux clients de découvrir le côté personnel de votre entreprise et d'accroître la notoriété de la marque. Lorsque les clients entendent votre histoire et sont en mesure d'établir un lien avec vous sur la base des questions qu'ils vous posent, ils ont l'impression de vraiment vous connaître, vous et votre marque.

Concours et cadeaux

Les concours et les offres promotionnelles sont généralement bien accueillis sur les médias sociaux. C'est ce que nous disent les données. Dans une étude réalisée en 2019, il a été constaté que 91 % des posts Instagram ayant obtenu plus de 1 000 likes ou commentaires étaient liés à un concours. De plus, il a été constaté que les comptes qui organisaient régulièrement des concours connaissaient une croissance du nombre de followers 70 % plus rapide que ceux qui n'en organisaient pas. Les concours et les cadeaux fonctionnent donc très bien pour générer de l'engouement et permettent d'obtenir un contenu frais à chaque fois que vous publiez un concours ou un cadeau.

Les concours requièrent une certaine activité de la part des utilisateurs afin de gagner un prix pour le meilleur article. Repensez aux idées évoquées plus haut à propos du contenu généré par les utilisateurs. Ces concours visent à renforcer la notoriété d'une marque et à mettre en valeur un certain produit que la marque essaie de vendre. Les cadeaux, en revanche, fonctionnent un peu différemment. Ils s'articulent souvent autour d'un système aléatoire permettant de déterminer lequel des participants recevra le produit.

Lancer des concours et des cadeaux est un processus relativement simple : vous devez avoir quelque chose à offrir, des conditions générales, un moyen de participer et un point de contact. Les conditions doivent être conformes à la législation sur les jeux d'argent en vigueur dans votre région. Le mode de participation doit être créatif, comme l'utilisation d'un hashtag ou la publication d'une vidéo montrant les participants en train d'utiliser votre produit d'une certaine manière.

Tutoriels et messages d'instruction

Ce type de contenu doit être en rapport avec les produits et services proposés par votre marque. Il peut s'agir, par exemple, d'un article montrant aux utilisateurs comment utiliser l'un de vos produits ou comment activer une certaine fonction. Il s'agit de fournir des conseils pratiques et utiles que les utilisateurs apprécieront ou qui les intéresseront.

Les vidéos didactiques permettent d'expliquer certaines choses, comme l'utilité de certains produits ou services, ou ce que fait votre entreprise.

Contenu des coulisses

Il s'agit de permettre aux utilisateurs de jeter un coup d'œil derrière le rideau et de découvrir les rouages de votre entreprise. Il peut s'agir de la fabrication d'un certain produit, d'une journée dans la vie de l'entreprise, d'une vidéo montrant un certain processus, de photos de bureaux, de fêtes, d'événements, etc. Cela permet aux utilisateurs de voir la personnalité de votre marque et de se sentir plus proches d'elle parce qu'ils ne voient plus seulement un logo, mais aussi de vraies personnes. Cela peut jouer un rôle important dans la construction de votre marque tout en garantissant la fraîcheur de votre contenu.

Sondages et quiz

De nombreuses plateformes de médias sociaux vous permettent d'organiser un sondage et de demander à votre base d'utilisateurs de voter sur un sujet. Elles vous permettent également de mettre en place une sorte de quiz, où les utilisateurs peuvent choisir entre plusieurs options et sélectionner la bonne. En général, la question de savoir s'ils ont eu raison ou tort s'affiche immédiatement.

Les marques peuvent utiliser ces outils à leur avantage. Elles peuvent, par exemple, lancer un sondage sur un produit ou un service qu'elles souhaitent lancer et recueillir l'avis de leurs clients sur Twitter ou Instagram à l'aide d'un sondage. Elles peuvent également organiser des quiz sur des sujets populaires ou des faits intéressants liés à leur secteur d'activité. Par exemple, une entreprise du secteur du sport peut organiser des quiz sur ce sport, comme le nombre de titres de champion des LA Lakers dans la NBA, ou quel joueur de la NBA a joué pour les NY Knicks, le Miami Heat et les Chicago Bulls. Une marque a eu une idée particulièrement créative en demandant aux utilisateurs d'indiquer leur pays d'origine, puis en publiant une vidéo sur un joueur de football de ce pays et un but impressionnant qu'il a marqué.

Pleins feux sur les clients et les consommateurs

Il s'agit de mettre en avant un client fidèle et de partager un message à son sujet. Il peut s'agir d'une photo ou d'une vidéo d'eux utilisant votre produit, ou d'une photo ou d'une vidéo d'eux expliquant pourquoi ils sont restés fidèles à votre marque aussi longtemps qu'ils l'ont fait. Cela peut avoir un impact particulier si ce client est un nom connu ou un influenceur que le public a tendance à écouter. Il peut également s'agir d'un simple billet dans lequel vous expliquez pourquoi vous appréciez de l'avoir comme client.

Caractéristiques des membres de votre équipe

Il s'agit d'une autre occasion de créer une série de messages sur un sujet spécifique. Dans ce cas, le sujet spécifique est votre équipe. Vous devez donc publier un contenu sur chacun des membres de votre équipe, en expliquant qui ils sont, ce qu'ils font et d'autres informations que vous jugez pertinentes pour votre base d'utilisateurs. Incluez également une photo ou une vidéo d'eux lorsque vous créez le message. Cela permet aux clients de mettre des visages sur votre marque et d'ajouter une touche plus personnelle qui fera que les clients se sentiront plus proches de votre marque.

Interviews

Lorsqu'il s'agit d'interviews, l'une des façons les plus percutantes est d'interviewer des membres importants d'une industrie ou d'une profession à laquelle votre marque s'adresse, ou d'interviewer un influenceur avec lequel vous êtes en partenariat et dont l'audience bénéficierait des produits et services offerts par votre marque. En procédant ainsi, vous offrez aux utilisateurs du divertissement, du contenu frais et vous faites de la publicité pour votre marque auprès de l'audience d'un influenceur ou d'un professionnel.

Prise en charge des médias sociaux

La prise en charge des médias sociaux consiste essentiellement à faire en sorte qu'une personne autre que la marque elle-même gère la page d'une marque sur les médias sociaux pendant une journée. Il s'agit souvent de publier des mises à jour de statut et d'organiser des sessions de questions-réponses au cours de la journée. Comme pour les interviews, il peut s'agir d'influenceurs, de membres d'un secteur ou de professionnels auxquels votre marque s'adresse ou dont vous souhaitez toucher le public avec vos produits et services.

Partager un événement marquant

Qu'il s'agisse d'une étape importante liée à la durée d'existence de votre entreprise, à sa rentabilité, au nombre d'utilisateurs qui suivent vos profils de médias sociaux ou qui sont abonnés à votre chaîne YouTube, ou à tout autre élément pouvant être considéré comme une étape importante, ce type de messages peut être très efficace pour votre base d'utilisateurs, car il leur montre que vous êtes reconnaissant de leur fidélité à votre marque et que vous êtes sur la bonne voie pour réaliser quelque chose d'important.

S'associer à une autre marque

Une idée intéressante consiste à mener une campagne de marketing avec une autre marque qui n'est pas en concurrence directe avec la vôtre. Cela vous permet d'avoir plus de mains sur le pont, de mener des campagnes de marketing plus importantes et d'exploiter le public de l'autre marque.

Faire un mème

Il s'agit probablement de l'un des types de messages les plus risqués à publier sur votre plateforme de médias sociaux, en particulier parce que l'humour est subjectif. Si vous vous trompez, les utilisateurs peuvent se sentir offensés par ce que vous publiez, ce qui peut nuire à la réputation de votre marque. En revanche, un mème très drôle peut devenir viral, ajouter de la personnalité à votre marque et créer de nouveaux adeptes. Si vous décidez d'emprunter cette voie, il est important de veiller à ce que le message soit en phase avec l'humour de votre public.

Les messages courants sur les médias sociaux

Outre ce qui précède, il existe d'autres types de messages ordinaires sur les médias sociaux que votre marque peut utiliser pour maintenir son engagement. Il peut s'agir de commenter et de répondre à d'autres utilisateurs, d'aimer, de retweeter, de publier des informations sur les événements et les promotions à venir, sur les heures d'ouverture et d'autres informations pertinentes, entre autres types de posts.

Réutilisation du contenu

L'un des moyens les moins évidents de vous assurer que vous avez toujours du contenu à publier sur vos plateformes de médias sociaux est de réutiliser le contenu que vous avez déjà ailleurs. Par exemple, si vous avez des articles de blog sur votre site web qui pourraient être partagés sur vos plateformes de médias sociaux, vous pouvez découper des parties pertinentes de ces blogs et les transformer en images, en vidéos ou en faits que vous connaissez et qui sont publiés sur vos plateformes de médias sociaux. Si, par exemple, un article de blog présente une procédure étape par étape pour utiliser un certain produit ou tirer parti d'une certaine fonctionnalité, vous pouvez concevoir des images qui seront publiées quotidiennement et qui décrivent les étapes que les utilisateurs peuvent suivre. Vous pouvez également créer une vidéo décrivant ces étapes.

Ce qu'il ne faut pas faire sur les médias sociaux

S'il est important de bien comprendre quels types de contenus vous pouvez publier sur les médias sociaux, vous devez également savoir ce que vous ne devez pas publier, afin d'éviter d'avoir à gérer un grave problème de relations publiques ou des problèmes avec les plates-formes de médias sociaux elles-mêmes.

Le dilemme du copier/coller

Lorsqu'il s'agit de publier du contenu sur les médias sociaux, vous voudrez évidemment vous assurer que vous publiez tout ce contenu partout afin qu'il atteigne l'ensemble de votre public pour un effet maximal. La question qui se pose alors est de savoir comment s'y prendre exactement ? Vous pourriez penser qu'il suffit de copier ce qui est publié sur une plateforme de médias sociaux, puis de le coller sur la suivante. Cette approche présente toutefois quelques problèmes majeurs.

Chaque plateforme de médias sociaux s'adresse en grande partie à des publics différents. Même si elles s'adressent au même public, le type de contenu que les utilisateurs s'attendent à voir sur ces plateformes varie. Les utilisateurs de LinkedIn s'attendent à voir du contenu professionnel lié à leur carrière ou à leur entreprise. Les utilisateurs d'Instagram s'attendent à être divertis par des images et des vidéos. Les utilisateurs de Twitter s'attendent principalement à des tweets informatifs, éducatifs, divertissants ou inspirants. Les utilisateurs de TikTok s'attendent à être divertis par des vidéos. Il serait étrange qu'un utilisateur publie un tutoriel de tricot sur LinkedIn ou une vidéo d'une heure sur Instagram qui ne soit pas un livestream ou une interview enregistrée. Les utilisateurs s'attendent à différents types de contenu sur les plateformes de médias sociaux qu'ils utilisent, qu'ils en utilisent plusieurs ou qu'ils suivent votre marque sur chacune d'entre ell es.

En outre, les utilisateurs peuvent estimer qu'il n'est pas nécessaire de vous suivre sur toutes vos plateformes de médias sociaux si vous ne faites que copier et coller le même contenu sur chacune d'entre elles. Cela signifie que vous ne pouvez pas vous connecter au réseau de cet utilisateur sur toutes les plateformes de médias sociaux qu'il utilise parce qu'il a décidé de ne vous suivre que sur l'une d'entre elles. Un utilisateur peut avoir des amis/suiveurs différents pour chaque plateforme qu'il utilise, et ce pour diverses raisons. Sur LinkedIn, par exemple, il peut se connecter avec des professionnels et des collègues, tandis que sur Instagram, il se connecte avec ses amis du lycée et de l'université. Vous risquez de ne pas atteindre des clients potentiels parce que vous n'avez pas su vous diversifier.

Pour éviter ce problème, vous devez adapter votre contenu à la plateforme de médias sociaux sur laquelle vous travaillez. Bien que cela puisse sembler être un travail difficile, cela s'avérera bénéfique à long terme. En répondant aux attentes des utilisateurs sur cette plateforme particulière, vous augmentez vos chances de créer de nouveaux adeptes, de fidéliser ceux qui existent déjà et d'attirer davantage de clients vers vos produits et services pour différentes raisons qui dépendent de la plateforme que vous avez utilisée pour les amener jusqu'à vous.

Mauvais comportement

Un principe important à respecter lorsque vous publiez sur les médias sociaux est que votre marque doit préserver sa réputation. Toute publication portant atteinte à votre réputation risque de devenir virale, d'affecter votre clientèle et, en fin de compte, de faire baisser vos ventes. Il est inutile de perdre des clients à cause d'une publication ou d'un commentaire sur les médias sociaux qui aurait pu être évité en ne le publiant tout simplement pas. Dans la mesure du possible, évitez les contenus controversés susceptibles de diviser ou d'offenser votre clientèle. Répondez de manière adéquate aux plaintes formulées par votre base d'utilisateurs. Évitez de répondre aux commentaires avec la même férocité que vous auriez pu recevoir d'un autre utilisateur. Évitez à tout prix le trolling, à moins qu'il ne soit très léger et que tout le monde comprenne le contexte dans lequel il s'inscrit. Même dans ce cas, vous devez faire preuve d'une grande prudence.

Pour éviter ces problèmes, il faut notamment mettre en place une politique en matière de médias sociaux. Cette politique doit être bien comprise par les personnes qui gèrent vos plateformes de médias sociaux, si vous en avez, et vous devrez continuer à surveiller le type de contenu publié sur votre page de médias sociaux par vos employés ou par les spécialistes du marketing qui travaillent en votre nom.

CONCLUSION

Les entreprises n'ont pas besoin de sacrifier un bras et une jambe pour mener un marketing efficace. Alors que les grandes entreprises dépensent des milliards de dollars en publicité, s'assurant ainsi que leur nom est partout et n'importe où, les petites entreprises n'ont traditionnellement même pas besoin de rêver à de telles prouesses. Cependant, les médias sociaux égalisent les règles du jeu et permettent aux petites entreprises d'être compétitives en mettant leurs marques à la disposition des consommateurs du monde entier d'un simple clic. Tout ce dont les entreprises ont besoin, c'est d'être prêtes à s'engager dans le marketing des médias sociaux et d'adopter les stratégies exposées dans ce livre pour lancer une campagne de marketing des médias sociaux. Bien que votre entreprise doive peut-être dépenser de l'argent pour des publicités et peut-être même pour entrer en contact avec des influenceurs, le coût de cette opération n'est souvent pas exorbitant.

L'une des choses les plus importantes à retenir lorsque l'on s'engage dans le marketing des médias sociaux est que votre public cible est la clé de tout. Bien que cela puisse paraître étrange, c'est pourtant vrai. Le marketing ne concerne pas seulement vous ou votre marque, mais aussi votre public cible. Il s'agit des personnes qui s'engagent avec votre marque sur les médias sociaux et qui décident d'acheter (ou de continuer à acheter) vos produits ou services. Vous devez les impliquer à leur niveau. Certaines publications sur les médias sociaux peuvent ne pas fonctionner pour un groupe de personnes, mais elles fonctionneront idéalement pour le groupe de personnes que vous ciblez. Vous devez comprendre quels sont leurs besoins et leurs désirs, quels sont les problèmes qu'ils rencontrent et comment votre marque peut les aider. Laissez ce message imprégner toute votre campagne de marketing afin de vous assurer que votre marque attire les clients potentiels pour les bonnes raisons.

Vous devez également garder à l'esprit que toutes les plateformes de médias sociaux ne conviendront pas à votre entreprise. Chaque plateforme a ses propres caractéristiques, ses propres avantages et inconvénients, et son propre public cible. Cela doit influencer le type de messages que vous publiez sur chacune des plateformes et les stratégies que vous utilisez. Les stratégies que vous utilisez sur Twitter, par exemple, ne fonctionneront probablement pas sur Snapchat. Les stratégies que vous utilisez sur Instagram ne fonctionneront probablement pas sur LinkedIn. Ne pas être capable de faire la distinction entre les besoins de chaque plateforme est le moyen le plus rapide d'échouer.

La troisième chose que vous devez garder à l'esprit est que l'engagement est le nom du jeu. Ne cessez pas de publier de nouvelles informations sur vos pages de médias sociaux et de vous engager auprès de votre base d'utilisateurs. Embauchez quelqu'un pour faire le travail à votre place si vous le devez, mais assurez-vous qu'il est bien formé et qu'il sait exactement ce que vous recherchez. Un manque d'engagement est le moyen le plus rapide de perdre de la pertinence dans l'espace des médias sociaux, et donc d'affecter le trafic et les ventes de votre marque.

Enfin, assurez le suivi des mesures. Ce n'est pas parce que vous avez concocté un plan génial qu'il fonctionnera, malheureusement. Le marketing des médias sociaux est une affaire d'essais et d'erreurs. Vous devez tester ce qui fonctionne et ce qui ne fonctionne pas. N'abandonnez pas après l'échec de vos efforts de marketing. Prenez les succès et réutilisez-les, puis transformez les échecs en leçons. Après quelques tentatives, vous devriez disposer d'un plan de marketing beaucoup plus efficace qui permettra à votre marque d'augmenter le nombre de ses adeptes, de générer plus de trafic et de réaliser plus de ventes. Pour ce faire, vous devez rester à l'écoute et savoir quels sont les articles qui suscitent l'intérêt, ceux qui ne gagnent pas en popularité, ceux qui ont généré plus de trafic et plus de ventes, et ce que vous pouvez faire pour vous améliorer. Suivez également ce que font vos concurrents et apprenez d'eux.

Pour conclure, je tiens à vous remercier d'avoir pris le temps de lire ce guide et de vous familiariser avec le marketing sur les médias sociaux. J'espère que ce livre vous a été utile. N'oubliez pas d'être patient et n'ayez pas peur de tester et d'adapter différentes stratégies de marketing. Je vous souhaite bonne chance dans vos efforts de marketing sur les médias sociaux !

www.ingramcontent.com/pod-product-compliance
Lightning Source LLC
Chambersburg PA
CBHW071514210326
41597CB00018B/2750